José Daniel Vizcarra Llerena

Tratamiento Biológico de ARI Lácteas

José Daniel Vizcarra Llerena

Tratamiento Biológico de ARI Lácteas

Importancia en la Industria Láctea

Editorial Académica Española

Imprint

Cover image: www.ingimage.com

Publisher:
Editorial Académica Española
is a trademark of
International Book Market Service Ltd., member of OmniScriptum Publishing Group
17 Meldrum Street, Beau Bassin 71504, Mauritius

Printed at: see last page
ISBN: 978-620-2-14685-2

INDICE

Índice de Tablas

CAPÍTULO I

INTRODUCCIÓN

El agua es uno de los recursos más importantes del mundo, es un elemento de la naturaleza, integrante de los ecosistemas naturales, fundamental para el sostenimiento y la reproducción de la vida en el planeta ya que constituye un factor indispensable para el desarrollo de los procesos biológicos que la hacen posible.

El agua es tan común que la suponemos asegurada. Después de todo, cubre casi los tres cuartos de la superficie terrestre, y probablemente pensamos que es muy parecida a cualquier otro líquido, pero no lo es. Tal es así que casi todas las propiedades físicas y químicas del agua son inusuales cuando se contrastan con las de otros líquidos, y estas diferencias son esenciales para la vida tal como la conocemos.

La contaminación del agua se define como la presencia de sustancias u organismos extraños en un cuerpo de agua en tal cantidad y con tales características que impiden su utilización con propósitos determinados (Arellano Diaz, 2002). Debido a estos se hablan de dos tipos de tratamiento de aguas uno es el *tratamiento de aguas para su acondicionamiento al consumo humano*, debido a que el agua tal y como se encuentra en la naturaleza no está lista para el consumo humano; y el *tratamiento de aguas residuales*, que se aboca a disminuir la gran cantidad de contaminantes del agua una vez utilizada. Ambos tratamientos tienen los mismos principios pero el tratamiento de aguas residuales es más complejo debido a que contiene mayor cantidad de contaminantes.

Debido al gran desarrollo de las industrias en el mundo y del país se han incrementado notablemente la gran diversidad de industrias, entre ellas las del sector lácteo y como consecuencia de este desarrollo se ha elevado la contaminación a los distintos recursos hídricos. Las alternativas de mejoramiento constante por parte de las industrias son muy variadas, pero en ocasiones no es suficiente para garantizar una relación amigable con el medio ambiente y las actividades desarrolladas por parte de las empresas e industrias. De esta manera una de las alternativas para mitigar los impactos hacia el ambiente es mediante un correcto diseño de plantas de tratamiento de aguas residuales.

El agua que ha sido retirada, utilizada para algún propósito y retornada, estará contaminada de uno u otro modo (Masters & Ela, 2008). Como por ejemplo el agua industrial contribuye en un amplio rango de contaminantes químicos y de residuos orgánicos. Para agravar el problema, los contaminantes también entran en el agua, procedentes de fuentes naturales y por causas humanas por vías no acuáticas.

Generalmente el nivel de contaminación de las aguas residuales industriales no se mide a partir del conocimiento de la concentración de los distintos constituyentes de un agua residual que pueden ser considerados contaminantes, sino determinando parámetros globales como son la demanda bioquímica de oxígeno (DBO) y la demanda química de oxígeno (DQO) entre otros (Menendez Gutierrez & Perez Olmo, 2007). En ocasiones generalmente cuando se trabaja con aguas residuales industriales (ARI), las características de estos son tales que se requiere conocer constituyentes específicos como grasas, tensoactivos, entre otros.

Las industrias relacionadas con el sector lácteo son muy variadas, tanto como los productos lácteos presentes en el mercado. Debido a su complejidad, no es posible generalizar sobre la contaminación generada, que será muy específica del tipo de industria del que se trate.

Como sabemos la *industria láctea*, es parte de la industria alimentaria, la cual es una de las industrias que mayor cantidad de agua consume en sus procesos, por consiguiente se produce gran cantidad de Aguas Residuales Industriales (ARI). Según el Dr. Andrés Pascual, el problema ambiental más importante de la industria láctea es la generación de aguas residuales, tanto por su volumen como por la carga contaminante asociada, fundamentalmente de carácter orgánico (Pascual, 2009). La mayor parte del agua consumida en el proceso productivo se convierte finalmente en agua residual.

Los efluentes de las industrias lácteas presentan una elevada carga orgánica debido a la presencia de los componentes de la leche (grasa, lactosa, proteínas, nutrientes, etc.) (Pascual, 2009). Presentan fluctuaciones en el pH debido a la presencia de sosa cáustica y agentes ácidos de limpieza así como otros productos químicos. Es importante destacar también la presencia de nitrógeno (N) y fósforo (P). Por último, pueden darse también fluctuaciones de temperatura.

Las tecnologías existentes para el tratamiento de este tipo de efluentes son muy amplias, por lo que es difícil precisar un tratamiento estándar. No obstante, si podemos exponer de forma general los tratamientos habitualmente empleados. Los tratamientos de aguas residuales industriales se dividen en *pretratamientos* los cuales pueden ser tamizados, sedimentación, desengrasado y homogenización y neutralización, este último es uno de los más usados en industrias lácteas. Luego vienen los tratamientos primarios, los tratamientos secundarios, en el cual pueden estar los tratamientos biológicos que pueden ser aerobios o anaerobios.

Es necesario que las instalaciones de depuración requieran de una atención continuada que de no mantenerse por parte de la dirección de las fábricas rápidamente, son olvidadas como elementos de coste molestos que dejan de funcionar en poco tiempo.

CAPÍTULO II

OBJETIVOS

1.- OBJETIVO GENERAL

Describir alternativas para el tratamiento de aguas residuales industriales de sector lácteo.

2.- OBJETIVOS ESPECÍFICOS

- Describir la importancia del tratamiento de aguas residuales industriales lácteas.
- Describir las características del agua residual industrial láctea.
- Describir alternativas económicas y de fácil aplicación en el tratamiento de aguas residuales industriales lácteas.
- Describir la importancia de los tratamientos biológicos en el tratamiento de aguas residuales industriales lácteas.

CAPÍTULO III

JUSTIFICACIÓN DEL ESTUDIO

Es de vital importancia ponerle énfasis a la reutilización del agua, debido a la gran escases del recurso hídrico, una de las tecnologías utilizadas para la reutilización del recurso es el tratamiento de aguas residuales, este puede ser físico, químico, fisicoquímico o biológico.

Todos los procesos biológicos que se emplean en el tratamiento de aguas residuales tiene su origen en procesos y fenómenos que se producen en la naturaleza (Nodal Becerra, 2001). El proceso de tratamiento biológico consiste en el control del medio ambiente de los microorganismos de modo tal que se consigan las condiciones de crecimiento óptimas.

Se sabe que uno de los sectores industriales que mayor cantidad de agua usa es el sector de las industrias lácteas, por consiguiente también la contaminación por efluentes lácteos es muy fuerte, su contaminación es superada por el sector minero que es la industria que mayor cantidad de agua usa y mayor impacto ambiental genera.

Las ARI varían en cantidad, composición y fuerza, dependiendo de la fuente industrial específica. La Agencia de Protección Ambiental (EPA) ha identificado 129 contaminantes prioritarios. Los desechos industriales incluyen contaminantes convencionales encontrados en agua residuales domésticas, así como también pueden contener metales pesados, materiales radioactivos y orgánicos refractarios (Mihelcic & Zimmerman, 2011). Las industrias pueden elegir tratar su desecho in situ, siguiendo los lineamientos específicos para el mejor tratamiento disponible y lineamientos efluentes para los contaminantes prioritarios.

Las industrias lácteas son fábricas del sector agroalimentario que emplean como materia prima la leche de origen animal (Llanos Campaña, 2013), principalmente aquella proveniente de vacas para la elaboración de diversos productos para consumo humano.

El agua residual de la industria láctea es compleja debido a los procesos que cada una realiza, sin embargo varios estudios coinciden en un aumento considerable en diversos parámetros como aceites y grasas, DBO_5, DQO, solidos suspendidos, solidos disueltos totales, entre otros. Todo esto depende de la cantidad de leche y suero de algunos produzco que se introduzcan en el efluente final provocando así una mayor carga orgánica contaminante.

El motivo de la presente monografía es la de presentar alternativas tecnológicamente viables y amigables con el medio ambiente en lugar de utilizar los métodos convencionales, tales como los filtros biológicos, lodos activados, zanjas de oxidación entre otros, estos métodos convencionales tiene la desventaja de tener altos costos de inversión, dificultades de operación y mantenimiento, y requieren de desinfección para garantizar una calidad biológica comparable a las lagunas de estabilización.

Una planta de tratamiento para efluentes lácteos requiere ser diseñada básicamente para remover los niveles contaminantes de parámetros tales como: DBO5, aceites y grasas, sólidos suspendidos, y para corregir el pH del efluente. A pesar de la variabilidad en los parámetros de vertido, se puede considerar unos sistemas básicos de control y de pretratamiento que se adapten a las características generales de los vertidos y que puedan servir de orientación para que las empresas desarrollen unos sistemas más específicos y adecuados a los vertidos que generan.

Con carácter general, el tratamiento de estas aguas residuales puede realizarse mediante un tratamiento biológico, requiriendo previamente la separación de sólidos en suspensión y de grasas y aceites. En el caso de las aguas procedentes de la elaboración de quesos puede ser necesaria, además, la eliminación de fósforo. Por otro lado, dada la elevadísima DQO y conductividad del lactosuero, la primera medida de control es recuperar totalmente los restos de lactosuero y evitar que estos lleguen a mezclarse con el resto de aguas residuales.

Los sistemas de depuración de aguas residuales deben ser aquellos que garanticen el cumplimiento de los límites establecidos por la legislación en función del punto al que vierte la empresa (sí el vertido se realiza a cauce público los límites son más restrictivos que sí se realiza a un colector de una depuradora de aguas residuales).

CAPÍTULO IV

CONCEPTOS Y DESARROLLO DEL TEMA

1.- EL AGUA

1.1.- IMPORTANCIA DEL AGUA

Los recursos hídricos (agua) han tenido una importancia crítica para la sociedad humana desde que las personas descubrieron que podían producir alimentos cultivando plantas (Glynn Henry & Henike, 1999). Con el tiempo, el agua corriente impulsó máquinas que cortaban madera, molían grano y suministraban potencia motriz para muchos procesos industriales. La abundancia del agua le hacía ideal como disolvente universal para limpiar y arrastrar todo tipo de residuos de las actividades humanas.

El agua es tan común que la suponemos asegurada. Después de todo, cubre casi los tres cuartos de la superficie terrestre, y probablemente pensamos que es muy parecida a cualquier otro líquido, pero no lo es. Tal es así, que casi todas las propiedades físicas y químicas del agua son inusuales cuando se contrastan con las de otros líquidos (Masters & Ela, 2008), y estas diferencias son esenciales para la vida tal como la conocemos.

El agua es el componente químico más abundante en la tierra y quizás también el más importante, debido a que casi toda la vida en nuestro planeta, incluso la humana, utiliza agua como medio fundamental para el funcionamiento metabólico adecuado. La eliminación y dilución de la mayor parte de los desechos naturales y de origen humano están a cargo del agua casi en su totalidad. El agua posee varias propiedades físicas peculiares que son la causa directa de la evolución de nuestro ambiente y de la vida que funciona dentro de él.

Es importante distinguir entre el uso del agua consuntivo que es aquel que impide que el agua esté disponible para su uso ulterior, ya sea debido a evaporación, contaminación extrema o filtración bajo tierra, a menos que el ciclo hidrológico la devuelva en forma de lluvia, mientras que el uso no consuntivo del agua la deja disponible (después de un tratamiento si es necesario para su uso sin pasar por el ciclo hidrológico (Glynn Henry & Henike, 1999).

Es muy importante también saber que el agua es muy importante para los procesos industriales, industrias como la del sector lácteo, minero, agrícola, alimentarias, textiles, entre otros usan bastante contenido del recurso hídrico.

1.2.- CALIDAD DEL AGUA

Una de las primeras cosas por las que se preocupan las personas que recorren el mundo es si es seguro beber el agua y si se pueden comerse los alimentos crudos lavados con el agua local. Desafortunadamente la respuesta en la mayoría de lugares es "no". Para más de 2000, 000,000 millones de personas en los países subdesarrollados, el acceso al agua es simplemente imposible el resto de nosotros supone que el agua está limpia y es segura. Un lujo de tal importancia es el resultado de los esfuerzos coordinados de científicos, ingenieros, operadores de depuradoras y agentes de regulación del recurso hídrico.

En nuestro país el organismo que está obligado a hacer cumplir las leyes en cuanto a la calidad del agua es La Autoridad Nacional del Agua (ANA), organismo que regula y ve el cumplimiento de la legislación del recurso hídrico (Ley 29338, 2009), así como en Estados Unidos se dio la ley de calidad del agua potable (SDWA, 1976).

La calidad del agua tiene también parámetros en los que se debe de guiar, los cuales, serán descritos a continuación.

1.2.1.- PARÁMETROS FÍSICOS DE LA CALIDAD DEL AGUA

Son los que definen las características del agua que responden a los sentidos de la vista, del tacto, gusto y olfato como pueden ser los sólidos suspendidos, turbiedad, color, sabor, olor y temperatura.

1.2.2.- PARÁMETROS QUÍMICOS DE LA CALIDAD DEL AGUA

El agua es considerada como el solvente universal y los parámetros químicos están relacionados con la capacidad del agua para disolver diversas sustancias entre las que podemos mencionar a los sólidos disueltos totales, alcalinidad del agua, dureza del agua, análisis de fluoruros, metales, materia orgánica y nutrientes.

1.2.3.- PARÁMETROS BIOLÓGICOS DE LA CALIDAD DEL AGUA

El agua es un medio donde literalmente miles de especies biológicas habitan y llevan a cabo su ciclo vital (Arellano Diaz, 2002). El rango de los organismos acuáticos en tamaño y complejidad va desde el muy pequeño o unicelular en tamaño y estos miembros de la comunidad biológica son en algún sentido parámetros de la calidad del agua, dado que su presencia o ausencia pueden indicar la situación en que se encuentra un cuerpo de agua. Por ejemplo si en algún rio donde la presencia de algún pez como puede ser la carpa o la trucha sirven de parámetro sobre el estado de ese cuerpos de agua.

Los biólogos a menudo utilizan la diversidad de especies como parámetro cualitativo en ríos y lagos. Un cuerpo de agua con una gran cantidad de especies en proporción balanceada se puede considerar como un sistema saludable. Según esta situación, con base en nuestro conocimiento sobre los diferentes contaminantes, ciertos organismos se pueden utilizar como indicadores de la presencia de algún contaminante, entre los que podemos mencionar a bacterias, virus y protozaoarios.

1.2.4.- REQUERIMIENTOS DE LA CALIDAD DEL AGUA

Los requerimientos de la calidad del agua varían de acuerdo con el uso que se les vaya a dar, por ejemplo para agricultura, pesca, industriales específicos (Industria Láctea) o generación de energía. Algunas características del agua adecuadas para un fin pueden no serlo para otros.

Es importante mencionar que no se deben confundir los requerimientos de la calidad del agua con los estándares de la calidad del agua, debido a que los primeros están basados en la experiencia del uso y los segundos son cantidades establecidas por instituciones gubernamentales que regulan al respecto.

1.3.- CONTAMINACIÓN DEL AGUA

La contaminación del agua se define como la presencia de sustancias u organismos extraños en un cuerpo de agua en tal cantidad y con tales características que impiden su utilización con propósitos determinados (Arellano Diaz, 2002).

La contaminación del agua puede ser natural o antropogénica, sin embargo, existen dos tipos de tratamientos de agua, el tratamiento de aguas para su consumo humano y el tratamiento de aguas residuales que sirve para la reutilización en diferentes usos, generalmente para el riego.

Contaminación del agua es un término poco preciso que nada nos dice a cerca del tipo de material contaminante ni de su fuente (Glynn Henry & Henike, 1999). El modo de atacar el problema de los residuos depende de si los contaminantes demandan oxígeno, favorecen el crecimiento de materia orgánica, son infecciosas, toxicas o de aspecto desagradable. La contaminación de nuestros recursos hídricos pueden ser consecuencia directa de los desagües o de las descargas industriales, como también de forma indirecta por contaminación del aireo desagües agrícolas o urbanos.

1.4.- AGUA RESIDUAL

Es el agua que proviene de un uso determinado y que transporta ciertos residuos o desechos, constituyendo un foco de contaminación en los sistemas en los cuales son descargados.

La clasificación de las aguas residuales es muy variada pero sin embargo las más conocidas son; agua residual doméstica, agua residual industrial, agua residual agropecuaria, entre otros. El agua residual industrial es el agua proveniente de las distintas industrias y posee una variada composición todo ellos dependiendo de las actividades que se desarrollen en las instalaciones de cada industria (Llanos Campaña, 2013).

1.5.- TRATAMIENTO DE AGUAS RESIDUALES

El tratamiento de las aguas residuales se da luego de que el agua es utilizada para satisfacer las necesidades humanas, ya sean domésticas, agrícolas o industriales porque estas aguas contiene compuestos y organismos que son altamente peligrosos para nuestra salud. Además de que su aspecto y olor resultan desagradables también pueden contaminar cuerpos de agua que se utilizan para la pesca, para practicar la natación o como fuentes de abastecimiento de agua potable.

En virtud de que los microorganismos patógenos que se encuentran en las aguas residuales consumen el oxígeno disuelto que se encuentra en las mismas, el parámetro que se usa para medir la DBO que nos sirve también para medir la carga de materia orgánica que entra en las plantas de tratamiento y la efectividad de las mismas.

En las plantas de tratamiento de aguas residuales utilizan gran variedad de métodos para remover los contaminantes. Los más comunes son una combinación de métodos físicos, químicos y biológicos. Existen tres niveles de tratamiento de aguas residuales en las plantas: primario, secundario y terciarios.

El tratamiento primario es el primer paso que involucra tratamientos físicos como la filtración y la sedimentación que se utilizan para remover sólidos de gran tamaño. El tratamiento secundario utiliza tratamientos biológicos, usando microorganismos para llevar a cabo la digestión de la materia orgánica y eliminar este tipo de residuos entre otros residuos traza (Figura 1).

FIGURA 1: Planta de tratamiento de aguas residuales en la ciudad de México, D.F. (Fuente: Introducción a la Ingeniería Ambiental de Jorge Arellano).

2.- AGUA RESIDUAL DE LA INDUSTRIA LÁCTEA

En las centrales lecheras se producen diariamente una considerable cantidad de aguas residuales, los cuales suelen oscilar entre 4 y 10 L de agua por cada L de leche tratada, según el tipo de planta. La mayor parte de estas aguas proceden fundamentalmente de la limpieza de aparatos, máquinas y salas de tratamiento, por lo que contienen restos de productos lácteos y productos químicos (ácidos, álcalis, detergentes, desinfectantes, entre otros), aunque también se vierten aguas de refrigeración que, si no se recuperan de forma adecuada, pueden suponer hasta 2 o 3 veces la cantidad de leche que entra en la central. En estos residuos también quedan englobados los generados por los locales sociales, baños, lavabos, entre otros.

2.1.- CLASIFICACION DEL ARI LACTEA

Debido a los distintos procesos llevados por las industrias lácteas se puede clasificar sus efluentes de la siguiente forma (Tabla 1).

Si las redes de drenaje son de tipo unitario, las aguas pluviales se incorporarían al resto de los vertidos de la empresa, modificando su composición. Así mismo, cabe esperar la presencia de los vertidos de las duchas y aseos del personal, que también pueden mezclarse con los de la actividad, y que tienen como principales contaminantes sólidos en suspensión, materia orgánica, detergentes y amoniaco.

Se ha estimado que el 90% de la DQO de las aguas residuales de una industria láctea es atribuible a componentes de la leche y sólo el 10% a sustancias ajenas a la misma. En la composición de la leche además de agua se encuentran grasas, proteínas (tanto en solución como en suspensión), azúcares y sales minerales. Los productos lácteos además de los componentes de la leche pueden contener azúcar, sal, colorantes, estabilizantes, etc., dependiendo de la naturaleza y tipo de producto y de la tecnología de producción empleada.

Tabla 1: Clasificación de las agua residuales de la industria láctea (fuente (Llanos Campaña, 2013)).

TIPO	DESCRIPCION
Agua de proceso	Es el agua que interviene en el proceso de fabricación y que entra en contacto con el producto a transformar.
Agua de limpieza de equipos e instalaciones	Indispensable para la industria de alimentos con lo cual se garantiza la higiene general requerida en la planta.
Agua de servicios	Son las aguas necesarias para el funcionamiento de equipos de refrigeración, purga de calderas entre otros.
Agua sanitaria	Proveniente de los servicios higiénicos del personal que trabaja en la empresa.

Se ha estimado que el 90% de la DQO de las aguas residuales de una industria láctea es atribuible a componentes de la leche y sólo el 10% a sustancias ajenas a la misma. En la composición de la leche además de agua se encuentran grasas, proteínas (tanto en solución como en suspensión), azúcares y sales minerales (Vickesh, 2008). Los productos lácteos además de los componentes de la leche pueden contener azúcar, sal, colorantes, estabilizantes, etc., dependiendo de la naturaleza y tipo de producto y de la tecnología de producción empleada.

Todos estos componentes aparecen en las aguas residuales en mayor o menor cantidad, con las aguas de limpieza y los productos que se empleen en ésta. Los contaminantes esperados en la limpieza son materia orgánica, sólidos en suspensión, aceites y grasas, nitrógeno orgánico y detergentes. Generalmente tienen un carácter alcalino, con valores de pH que pueden aproximarse a 11.

Los contaminantes que cabe esperar en el vertido de las aguas de refrigeración y purgas de calderas, siempre y cuando el agua no esté en contacto directo con los equipos y piezas a refrigerar, son sólidos en suspensión y conductividades elevadas.

2.2.- CARACTERÍSTICAS DE LA ARI LÁCTEA

La caracterización del agua residual proveniente de las industrias lácteas es compleja debido a los procesos que cada una realiza, sin embargo varios estudios coinciden en un aumento considerable en diversos parámetros como aceites, grasas, DBO_5, DQO, solidos suspendidos, solidos totales disueltos, entre otros (Llanos Campaña, 2013).

La composición general de los efluentes varía notablemente en función de los productos que se fabrique en cada empresa y de sus características de diseño.

Como sabemos la mayoría de empresas no cumplen con los ECAs (en nuestro caso ECA de agua), por lo que para aquellas industrias que viertan sus efluentes a los cauces públicos es imprescindible realizar algún tipo de tratamiento a sus aguas residuales.

Las ARI de tratamiento de leche presentan las siguientes características generales:

- Poseen marcado carácter orgánico (elevada DBO_5 y DQO, debido a la presencia de componentes de la leche, que tiene una DBO_5 de 110000 mg/l y una DQO de 210000 mg/l.
- Alta biodegradabilidad.
- Presencia de aceites y grasas.
- Altas concentraciones de fósforo y nitratos, principalmente debido a los productos de limpieza y desinfección.
- Presencia de sólidos en suspensión, principalmente en la elaboración de quesos.
- Conductividad elevada, especialmente en las empresas productoras de queso debido al vertido de cloruro de sodio procedente del salado del queso.
- Valores puntuales de pH extremos, debidos a las operaciones de limpieza, debido al uso de ácidos y bases en la limpiezas CIP de equipos e instalaciones (generalmente soda caustica e hipoclorito de sodio).

En la Tabla 2 consignaremos la composición de las aguas residuales industriales lácteas tomando datos del Perú y datos de España, en cuanto a depuración de ARI lácteas.

Tabla 2.- Composición de ARI láctea en Perú y España (fuente propia)

PARÁMETRO	PERÚ		ESPAÑA	
	LECHE	QUESO	LECHE	QUESO
CONSUMO DE AGUA (m^3/t)	0.7 - 2	0.7 - 3	--	--
PRODUCCION ARI (m^3/t)	0.7 – 1.7	0.7 - 2	--	--
pH	>9	>9	8.5	6.9
DQO (mg/l)	500 - 1500	1000 - 2000	1775	4500
DBO_5 (mg/l)	1000 - 3000	2000 - 4000	1050	2750
SST (mg/l)	200 - 1500	201 - 1500	435	850
ACEITES Y GRASAS (mg/l)	40 - 200	100 - 400	105	365
DETERGENTES	--	--	3.5	7
CONDUCTIVIDAD	--	--	1650	3150
NITRATOS	--	--	50	105
NITRITOS	--	--	10	35
CLORUROS	--	--	140	220
NTK	--	-	65	100
FOSFORO	--	--	20	35

En la Tabla 2 se consignan datos existentes en la composición de efluentes lácteos y los valores a los que llega el agua contaminada o efluente, de los cuatro usos explicados anteriormente (Ver Tabla 1). Como ya se mencionó los efluentes lácteos son todas la aguas utilizadas en una empresa, ya sea en proceso como también aguas de limpieza entre otros.

Las aguas residuales generadas en la fabricación de quesos es posible que contengan cantidades apreciables de lactosuero, sobre todo salino, lo que, además de incrementar notablemente la carga contaminante, supone la pérdida de un subproducto de alto valor económico. Es recomendable, por tanto, que se evite la incorporación del lactosuero al agua residual y que se destine a la obtención de sustancias aprovechables.

Por otro lado, las aguas residuales generadas en la fabricación de helados presentan una baja carga contaminante, aunque la presencia de nitrógeno amoniacal en cantidades elevadas hace aconsejable su tratamiento biológico con nitrificación-desnitrificación.

En la siguiente tabla, elaborada por la Federación nacional de industrias lácteas, se resumen las características de los vertidos en función de su origen.

Tabla 3: Características del vertido según la federación nacional de industrias lácteas (España) (Fuente, (Vickesh, 2008)**).**

ORIGEN DE VERTIDO	DESCRIPCIÓN	CARACTERÍSTICAS
AGUAS DE PROCESO	Aguas residuales generadas en operaciones de limpieza de cisternas, limpieza de equipos e instalaciones y vaciado periódico de disoluciones empleadas en la limpieza de equipos.	DQO, DBO_5, Sólidos en suspensión, nitrógeno orgánico, detergentes, acidéz, basicidad, aceites y grasas.
AGUAS DE LIMPIEZA	Disoluciones de agua oxigenada empleada en la esterilización de las bobinas de brik.	Agua oxigenada.
AGUAS DE REFRIGERACION Y CALDERAS	Vertidos procedentes de purgas de las calderas y de los circuitos de agua de refrigeración y agua caliente y vapor.	Conductividad, sólidos en suspensión y temperatura.
AGUAS RESIDUALES SANITARIAS		DQO, DBO_5, solidos suspendidos, amoniaco y detergentes.

3.- TRAMIENTO DE AGUAS RESIDUALES INDUSTRIALES LÁCTEAS

El desarrollo industrial en el mundo entero ha generado aspectos positivos y negativos tanto social como ecológicamente, debido a la existencia de muchos inconvenientes que se relacionan directa o indirectamente con las diferentes actividades llevadas a cabo por las industrias, sin embargo el mayor problema registrado es la contaminación de los efluentes, y sus efectos causados sobre el medio ambiente y sus consecuencias en todos los seres vivos.

La purificación del agua proveniente de los distintos tipos de industria (importancia del trabajo con referencia a las industrias Lácteas) puede ser simple o compleja, dependiendo de las características y propiedades del agua descargada, además del nivel de pureza que se requiera de acuerdo a la normativa del sector. El Perú se guía según la ECA del agua bajo el drecreto supremo N° 002 – 2008 – MINAM.

Una planta de tratamiento para efluentes lácteos requiere ser diseñada básicamente para remover los niveles contaminantes de parámetros tales como: DBO5, aceites y grasas, sólidos suspendidos, y para corregir el pH del efluente. A pesar de la variabilidad en los parámetros de vertido, se puede considerar unos sistemas básicos de control y de pretratamiento que se adapten a las características generales de los vertidos y que puedan servir de orientación para que las empresas desarrollen unos sistemas más específicos y adecuados a los vertidos que generan.

Con carácter general, el tratamiento de estas aguas residuales puede realizarse mediante un tratamiento biológico, requiriendo previamente la separación de sólidos en suspensión y de grasas y aceites. En el caso de las aguas procedentes de la elaboración de quesos puede ser necesaria, además, la eliminación de fósforo. Por otro lado, dada la elevadísima DQO y conductividad del lactosuero, la primera medida de control es recuperar totalmente los restos de lactosuero y evitar que estos lleguen a mezclarse con el resto de aguas residuales.

Los sistemas de depuración de aguas residuales deben ser aquellos que garanticen el cumplimiento de los límites establecidos por la legislación en función del punto al que vierte la empresa (sí el vertido se realiza a cauce público los límites son más restrictivos que sí se realiza a un colector de una depuradora de aguas residuales). A la hora de decidir sobre el sistema a adoptar, puede servirnos de orientación (Ver Tabla 5).

Tabla 4.- Eficiencia de reducción de niveles contaminantes (Valores basados en experiencias en Chile). (Fuente, Contaminación de aguas: Sector Lácteo (Vickesh, 2008)).

PARÁMETRO	ANTES DEL TRATAMIENTO	DESPUES DEL TRATAMIENTO FISICOQUÍMICO	DESPUES DEL TRATAMIENTO BIOLÓGICO
DBO_5 (mg/l)	2000 - 6000	600 - 2500	<30
SOLIDOS SUSPENDIDOS (mg/l)	1000 - 6000	100 - 300	<30
ACEITES Y GRASAS (mg/l)	200 - 2000	100	<50
DETERGENTES (mg/l)	1.5	0.2	<0.1

En Chile se realizaron trabajos sobre la eficiencia de las plantas de tratamiento de aguas residuales lácteas dándonos algunos parámetros para poder saber si las plantas de tratamiento funcionan adecuadamente o no, luego de los tratamientos físicos, fisicoquímicos y biológicos. (Ver Tabla 4).

Tabla 5.- recomendaciones en las distintas etapas de tratamiento para la descarga de los efluentes ((Fuente, Contaminación de aguas: Sector Lácteo (Vickesh, 2008)).

ETAPA DE TRATAMIEN-TO	DESCARGA A CUERPOS SUPERFICIALES			DESCARGA A ALCANTARILLADO		
	Muy recomendable	Recomendable	Depende de la solución adoptada	Muy recomendable	Recomendable	Depende de la solución adoptada
Separación de Sólidos Gruesos	✓			✓		
Separación de sólidos molestos	✓			✓		
Separación de Sólidos no Putrescibles	✓			✓		
Separación de Sólidos finos		✓			✓	
Desgrasadora o Coalescedores		✓			✓	
Estanque de ecualización	✓			✓		
Ajuste de pH	✓			✓		
Coagulación			✓			✓
Floculación		✓		✓		
Flotación		✓		✓		
Neutralización			✓			✓
Tratamiento biológico		✓				✓
Sedimentación secundaria		✓				✓

A continuación se describirán los tratamientos y el orden en los que deben ir y la importancia que tienen estos en relación con las ARI lácteas, ver las alternativas de tratamiento que existen.

3.1.- PRETRATAMIENTO

El pretratamiento puede ser del tipo físico o fisicoquímico, todo depende de las concentraciones que presenten aquellos contaminantes inhibidores del proceso biológico, por ejemplo si se tuviera una carga orgánica de 4500 ppm de sólidos en suspensión agregado al efluente, se debe utilizar un pretratamiento que conste de un sistema de regulación de pH con aireación o burbujeo y una trampa de grasas acorde al tipo de suero o grasa existente en el efluente.

Un sistema básico de control y pretratamiento que deberían tener todas las empresas del sector lácteo, y que en algunas ocasiones será suficiente para que puedan realizar sus efluentes dentro de los límites establecidos, debe constar de las siguientes operaciones:

- Sistema de regulación – homogenización aireado.
- Separador de grasas y aceites.

Estas operaciones como ya lo mencionamos son operaciones físicas, y fisicoquímica que nos da un primer punto de en la depuración de aguas de vertidos lácteos, por ejemplo, se tiene una empresa de productos lácteos con valores de DBO_5 de 5500 ppm a la salida del efluente, luego de pasar por un tanque recolector de agua con un caudal de ingreso de 1.2 m^3/l al día, en este tanque se realiza la regulación del pH y se realiza la floculación para separar los sólidos suspendidos y finalmente se deberá colocar una trampa de grasa o varias dependiendo de la cantidad de grasas y aceites que se tenga, pasando todo este sistema se llegará a valores menores, más o menos tendremos un valor aproximado de DBO_5 de 2500 m^3/l o inferiores, niveles que son muy altos aun por lo que se necesitaría de otros tratamientos para disminuir más el valor de DBO_5.

Depósito o balsa del tamaño suficiente para asegurar el suministro continuo de flujo al sistema de separación de grasas posterior. Este depósito permite además que se produzca una primera laminación de las puntas de carga y volumen de los diferentes flujos de vertido de aguas. Es conveniente la aireación del depósito para evitar fermentaciones aeróbicas ácidas no deseadas.

Separador de grasas y sólidos en suspensión por flotación. En función de las características del vertido puede ser necesaria la adición de productos coagulantes y el control del pH para asegurar un buen rendimiento de separación.

Esta balsa debe permitir homogeneizar las puntas de caudal y carga contaminante de los diferentes flujos de agua residual producidos en las diferentes operaciones de proceso y limpieza. Este sistema también sirve de depósito de seguridad ante vertidos accidentales ocurridos en las industrias, ya que evita la llegada de los mismos al punto final de vertido.

El sistema de homogeneización ha de constar de una balsa con capacidad para acoger, como mínimo, el volumen de vertido producido en un turno de trabajo así como las puntas de caudal derivadas del proceso, todo ello referido a la campaña más desfavorable. La balsa deberá ser aireada para evitar las fermentaciones no deseadas y permitir la disminución de la DQO del vertido final. Es importante señalar que concentraciones de leche o de suero superior al 1 o al 2% en las aguas residuales, pueden conducir rápidamente a fermentaciones aerobias ácidas, difícilmente controlables (fermentación láctica), que pueden impedir por completo la actividad biológica.

Por último, es importante considerar la conveniencia de que las empresas dispongan de los medios y sistemas adecuados que permitan conocer los caudales de agua consumidos y los caudales vertidos, así como el poseer equipos propios de toma de muestras capaces de obtener de forma periódica muestras integradas de una jornada laboral. La utilización de éstos equipos junto con una serie de métodos analíticos semicuantitativos que permitan determinar los principales parámetros de un vertido (pH, DQO y SS) ofrecerán una valiosa información relativa a las características analíticas del vertido, su evolución temporal, los caudales vertidos, la efectividad de sus sistemas de tratamiento y, finalmente, si la empresa ha adoptado medidas de minimización podrá conocer los avances realizados en este sentido.

Como se mencionó estos pretratamientos se dividen en tratamientos físicos y fisicoquímicos a los cuales empezaremos a describir a continuación.

3.1.1.- TRATAMIENTOS FISICOS

Uno de los pasos más importantes en los tratamientos de purificación de aguas residuales es la eliminación y separación de partículas e impurezas, la presencia en el agua de partículas sólidas, disueltas o en suspensión es el principal contaminante visible afectando principalmente en su turbiedad y coloración.

Por su parte existen distintos tamaños de partículas algunas de las cuales pueden ser observadas a simple vista, pero también existen partículas denominadas coloides, cuyo tamaño es menor a una micra (μ) las cuales no son apreciables y son precisamente estas las que afectan la turbiedad del agua residual.

Los métodos físicos más comunes para depurar el agua residual son:

- **Sedimentación:** Se suelen emplear para aquellas industrias lácteas que generan una gran cantidad de sólidos en suspensión.
- **Tamizado:** Elimina los sólidos gruesos antes de la entrada a la planta depuradora.
- **Homogenización y Neutralización:** Este proceso suele ser imprescindible en la industria láctea, ya que al generarse durante los lavados de aguas muy ácidas o muy alcalinas. Podría provocar un vertido que impidiese cualquier tratamiento biológico posterior. Además de incumplir los valores legales. Por ellos se suelen instalar tanques de tiempo de retención grande en los cuales se mezclan las aguas ácidas y alcalinas procedentes de la planta, produciéndose una neutralización natural. En ocasiones esto no es suficiente para neutralizar los vertidos, por lo que se suelen emplear sistemas automáticos de adición de ácido o álcali en función del pH del efluente.
- **Eliminación de grasas:** Este proceso es también muy importante en la industria láctea, la cual genera gran cantidad de grasas difíciles de desemulsionar, para ello se suelen instalar tanques en los cuales se introduce aire en forma de burbujas finas por el fondo para ayudar a desemulsionar la grasa (Sistema DAF). La grasa formada en la superficie se suele empujar a una zona de remanso donde una rasqueta la retira a una canaleta y a un contenedor para retirarla a vertedero.
- Otras operaciones que se realizan son Gasificación, Dilución, Eliminación por arrastre, Destilación, Extracción, estas no son tan utilizados debido a que son procesos caros.

3.1.2.- TRATAMIENTO QUÍMICO

Los tratamientos químicos son aquellos procesos en los cuales al separar las impurezas del efluente implica una alteración del material contaminante dentro del agua residual.

El tratamiento químico se suele considerar como un tratamiento intermedio, porque los resultados que se obtienen con el son mejores que los tratamientos físicos.

Este tratamiento consiste en agregar uno o más reactivos a las aguas negras para producir un floculo, que es un compuesto químico insoluble que absorbe la materia coloidal, envolviendo a los sólidos suspendidos no sedimentables y que se deposita rápidamente.

Los procesos más usados son Oxidación, Precipitación Química, Neutralización, Desinfección e Intercambio iónico (Osmosis inversa).

3.1.3.- TRATAMIENTO FISICOQUÍMICO

Consiste en la aplicación combinada de procesos físicos y químicos, lográndose una depuración de aguas negras más eficiente y las operaciones que destacan son la Coagulación, Procesos de Absorción y Adsorción, desactivadores de crecimiento de Cristales, Aditivos para cambiar la tensión superficial e Inhibición de corrosión.

3.1.4.- TRATAMIENTO BIOLÓGICO

Para reducir la DBO a los valores legalmente admisibles no basta con los pretratamientos, sino que es necesario recurrir a los tratamientos biológicos.

La purificación biológica se utiliza comúnmente para tratar aguas de desecho que contiene materia orgánica disuelta. Las bacterias desdoblan los compuestos complejos en otros más sencillos y estables; los productos finales normales son CO_2, H_2O, Nitratos y sulfatos.

Este cambio se realiza mediante metabolismo y síntesis celular de los microorganismos presentes.

Por lo general, los procesos se llevan a cabo en presencia de un exceso de oxígeno disuelto y la composición se conoce por ende como *descomposición aeróbica.* Existe otro grupo de microorganismos que puede desarrollarse en un ambiente carente de oxígeno disuelto, y en estas condiciones, se tratará de *descomposición anaeróbica.* Aunque casi todos los tratamientos biológicos actuales son de tipo aeróbico, existen algunos desechos que responden mejor a la descomposición anaeróbica procesos que describiremos un poco más profundo.

3.1.4.1.- DESCOMPOSICIÓN AERÓBICA

Son los tratamientos habitualmente empleados, siendo el proceso de fangos activados el más utilizado normalmente. Se basan en la descomposición de la materia orgánica por los microorganismos en presencia de oxígeno. Son sistemas adaptables a una gran variedad de vertidos y bastante flexibles, obteniéndose, si la explotación es adecuada, muy buenos resultados. No obstante, tienen esencialmente dos inconvenientes importantes:

- Generación de una gran cantidad de lodos.
- Gasto energético para proporcionar el oxígeno necesario para la fermentación.

Los lodos generados suponen un residuo sólido de grandes dimensiones. Normalmente suele ser retirado por las empresas municipales de residuos y van a vertedero, aunque en la actualidad se está estudiando su uso como abono después de diversos tipos de tratamiento.

El oxígeno se suele aportar mediante turbinas aireadoras en superficie o mediante difusores de oxígeno situados en el fondo del reactor biológico y alimentados con aire mediante soplantes.

3.1.4.2.- DESCOMPOSCIÓN ANAERÓBICA

Se basa en la degradación de la materia orgánica por bacterias anaeróbicas formándose metano y CO_2. Como ventajas tiene esencialmente la posibilidad de aprovechar el valor calorífico del gas en la explotación de la propia planta, la baja producción de lodos, asi como el valor de los mismos que pueden ser empleados como abono por su alto valor fertilizante. No obstante, pese a ser un procedimiento muy estudiado y con numerosa bibliografía, en la actualidad tan sólo existen 6 plantas depuradoras de industrias lácteas que utilicen este sistema, ello es debido a que es un proceso que requiere un tiempo de retención muy alto, es muy sensible a cualquier cambio de pH o temperatura, necesita ser calentado para que la temperatura de fermentación sea la adecuada y además existen ciertos riesgos asociados al manejo del biogás, razones que impiden el mayor desarrollo de estos procesos y que hacen que en numerosas ocasiones no sea rentable la instalación de este tipo de plantas.

Entre los métodos biológicos más conocidos tenemos a los filtros percoladores y el sistema de Lodos activados.

3.2.- ETAPAS TÍPICAS PARA EL TRATAMIENTO DE AGUAS INDUSTRIALES

Según el grado de tratamiento, un sistema de tratamiento de aguas residuales consiste de las siguientes etapas: un Tratamiento Preliminar, Tratamiento Primario, Tratamiento Secundario y Tratamiento Terciario (Salgado Villalobos, 2005) si fuese necesario.

Anteriormente se mencionaron los procesos que participan en los pretratamientos y tratamientos biológicos ahora mencionaremos lo equipos que utilizaran en cada uno de los procesos.

3.2.1.- TRATAMIENTO PRELIMINAR

El objetivo del tratamiento preliminar, es la remoción de la mayor parte de los sólidos y materiales flotantes del efluente y que pueden ocasionar problemas o bajar la eficiencia en las siguientes etapas del tratamiento, específicamente en tuberías y equipos de bombeo, filtración, aireación entre otros. Las operaciones del tratamiento preliminar incluyen la remoción de partículas gruesas, natas flotantes, eliminación del material inerte como las piedras u otros, así como la determinación de las condiciones hidráulicas del afluente al sistema, en este proceso se incluyen los siguientes equipos:

- **Rejillas:** Son aquellos tipos de enrejado que se utilizan para la separación de sólidos gruesos y se ubican transversalmente al flujo. Al pasar el agua, el material grueso queda detenido en el enrejado y debe ser retirado manualmente o con dispositivos mecánicos adecuados. Dependiendo del espacio libre entre las barras de las rejillas, se pueden distinguir entre rejillas para material grueso y rejillas para material fino. Debido a que las rejillas suelen estar ubicadas en el canal de ingreso, el retiro continuo del material atrapado constituye una función clave para mantener el funcionamiento ininterrumpido de la planta.
- **Tamices:** Los primeros tamices utilizados eran los de disco inclinado o de tambor, y se utilizaban como mecanismo de separación estos consistían en placas de bronce o de cobre con ranuras fresadas. Los tamices se adaptan especialmente para aplicaciones industriales en el caso de sustancias finas, posibles de tamizar. En algunos casos, se puede recuperar de este modo, materiales útiles.

- **Desarenadores:** Los desarenadores tiene la finalidad de sedimentar las partículas minerales cuyo tamaño varían entre 0.2 y 2 mm, que están presentes en las aguas residuales industriales lácteas, con el objetivo de proteger las unidades de tratamientos que están aguas abajo contra la acumulación de arena, entre otros materiales inertes, también para evitar el desgaste de las bombas. Existen dos tipos generales de desarenadores:
    - **Desarenador de Flujo Horizontal:** Atraviesa el desarenador en dirección horizontal, y consiste en un canal por el que circula el agua a velocidades comprendidas entre los 20 y 40 cm/s, a esta velocidad se produce la sedimentación de las arenas, que se recogen en el fondo del canal, bien de forma manual o mecánica, la velocidad rectilínea del flujo puede ser controlada mediante las dimensiones de la instalación o el uso de secciones de control provistas de vertederos especiales situadas en el extremo de aguas abajo del tanque.
    - **Desarenador de tipo Aireado:** Consiste en un tanque de aireación con flujo espiral, en el que la velocidad es controlada por las dimensiones del tanque y la cantidad del aire suministrado al mismo. La velocidad de la rotación transversal o la agitación determina el tamaño de las partículas de peso específico dado que serán eliminadas. Si la velocidad fuese demasiado grande, la arena será arrastrada fuera del tanque y, si fuese demasiado pequeña, habrá materia orgánica que se depositará junto con la arena. Con el debido ajuste, se obtendrá una eliminación de casi el 100% y la arena quedará bien lavada. El agua residual se desplaza a través del tanque siguiendo una trayectoria helicoidal y pasa dos o tres

veces por el fondo del tanque a caudal máximo, e incluso más veces con caudales menores. El agua residual deberá introducirse en dirección transversal al tanque. La pérdida de carga requerida por este tpo de tanque es mínima.

- **Tanques de Homogenización:** (Ver punto 3.1.1).

3.2.2.- TRATAMIENTO PRIMARIO

El objetivo del tratamiento primario es remover a través de los procesos de sedimentación, coagulación, precipitación y flotación, contaminantes que se puedan sedimentar, como son los Sólidos sedimentables y suspendidos y aquellos que puedan flotar, como son las grasas, aceites y espuma. Cierta cantidad de N, P, gérmenes patógenos y metales pesados asociados con los sólidos son también removidos durante esta etapa de tratamiento, pero los constituyentes coloidales y disueltos no son afectados. Entre los diferentes equipos usados en el tratamiento primario tenemos:

- **Trampas de Grasas:** Consisten en un deposito dispuesto de tal manera que la materia flotante (aceite, grasa, jabón, detergentes, etc.) ascienda y permanezca en la superficie del agua residual hasta que se recoja y elimine, la mayoría de los separadores de grasa, son rectangulares o circulares y están provistos para un tiempo de retención de 1 a 15 minutos. La salida, que está sumergida, se halla situada en el lado opuesto a la entrada y a una cota inferior a esta para facilitar la flotación y eliminar cualquier sólido que pueda sedimentarse.
- **Equipos de flotación por disolución de aire (DAF):** Los sistemas de flotación acelerada se utilizan cuando los sólidos en las aguas residuales sedimentan deficientemente o no llegan a hacerlo, debido a su bajo peso

específico. A algunas sustancias se les puede hacer flotar en forma natural, reduciendo la velocidad del flujo, sin embargo, otras solo flotan con la adición de compuestos químicos o burbujas de aire. La flotación por disolución de aire no es más que el impulso ascendente de sustancias no disueltas, provocadas por burbujas de aire que se adhieren a la superficie de una suspensión. Para garantizar la flotación debe contarse con una aireación adecuada y asegurarse que las burbujas de aire se adhieran a las partículas suspendidas; para ello se reduce la tensión superficial del agua mediante la adición de aglomerantes, consiguiéndose así la formación de una espuma más nítida. Algunos sistemas de flotación tienen un proceso de generación de espuma antes de flotación en sí, en este caso, se añade aire y agentes floculantes o espumantes al agua antes que pase al estanque de flotación. En la mayoría de los casos, el sistema de flotación es utilizado para tratar el agua que contiene aceites, grasa, sólidos suspendidos, fibras e incluso arenas. De esta forma se logran separar algunos residuos utilizables en la planta de subproductos, además de una reducción de la carga contaminante mediante la separación de sustancias coloidales suspendidas, reduciendo simultáneamente el valor de la DBO5.

- **Tanque de sedimentación Primaria:** Tiene como finalidad sedimentar los sólidos fácilmente sedimentables y el material flotante, por tanto, reducir el contenido de sólidos suspendidos. Cuando se utilizan como único medio de tratamiento, estos tanques sirven para la eliminación de sólidos sedimentables capaces de formar depósitos de fango en las aguas receptoras y de gran parte de las materias flotantes. Si se emplea como paso previo a un tratamiento biológico, su función es reducir la carga en las unidades de tratamiento biológico. Los fangos de sedimentación primaria que estén proyectados y operados eficazmente, deberán eliminar del 50 al 65 % de los sólidos suspendidos, del 25 al 40 % de la DBO5. Los tanques de sedimentación se diseñan actualmente basándose en la carga superficial para el caudal medio, expresada en metros cúbicos por día y por metro cuadrado del área horizontal. La elección de la carga idónea depende del tipo de suspensión a separarse. El efecto de la carga de superficie y del tiempo de retención en la eliminación de los sólidos suspendidos varía mucho según el tipo de agua residual, proporción de sólidos sedimentables, concentración de sólidos, así como otros factores. Las cargas de superficies que se utilizan en la actualidad dan como resultado tiempos nominales de retención de 2 a 2.5 horas para el caudal medio del proyecto.

3.2.3.- TRATAMIENTO SECUNDARIO

Se emplean en procesos biológicos - químicos, cuyo objetivo es eliminar la mayor parte de la materia orgánica, gérmenes, patógenos y nutrientes como nitrógeno y fósforo, a través de los procesos bioquímicos en los cuales los microorganismos son los responsables para la biodegradación. Los microorganismos pueden ser de tipo aeróbicos, anaerobios o facultativos (combinación de aeróbicos y anaerobios). Existen diferentes tipos de tratamiento secundario los cuales se distinguen en sistemas anaerobios, aerobios y facultativos, según los procesos aplicados, y que pueden ser combinados para lograr un mayor grado de remoción de contaminantes. Entre los más usados se encuentran:

- **Digestor Anaerobio:** Existen muchos tipos de digestores anaerobios, sin embargo todos ellos comparten características invariables; consisten en depósitos cerrados herméticamente, son construidos con techo en forma de domo donde se deposita el biogás generado por el tratamiento de las ARI, poseen deflectores o sistemas de agitación y se construyen con purgas para la evacuación periódica de los lodos generados en su interior. Las diferencias entre los tipos de digestores radican principalmente en la forma de alimentación, su geometría, tiempo de retención, recirculación, la utilización de lechos filtrantes, características de operación entre otros.

- **Filtro Anaerobio:** Es una técnica en la cual se realiza un proceso biológico de depuración en ausencia de oxígeno molecular disuelto. El filtro se basa en la posibilidad de lograr una alta concentración de biomasa o microorganismos en el interior de un reactor, esto se alcanza a través de los siguientes mecanismos: Adhesión de microorganismos a un medio de soporte, formando una película biológica y atrapamiento de flóculos bacterianos en los intersticios del material que rellena el filtro percolador. El filtro percolador es una cámara en la cual se coloca el soporte o relleno (medios filtrantes), para favorecer la filtración. Para la operación del filtro, el efluente pasa por un proceso de tamizado, con el objetivo de separar los sólidos en suspensión, y así evitar posibles obstrucciones en el lecho filtrante o material de soporte, corto circuitos o desviación del flujo ideal. El efluente se introduce al reactor mediante un sistema sencillo de distribución de la alimentación (canales, tuberías, etc.). Entre los materiales usados en el soporte del filtro anaerobio se tiene: piedra, anillo de cerámica o plástico, fragmentos arcillosos y materiales porosos. El material de soporte se coloca disperso para evitar la formación de caminos preferenciales, evitando de esta forma las zonas muertas. Es importante que el filtro o soporte posea una alta superficie y una amplia relación entre vacíos que permitan un mayor contacto entre la capa biológica y el agua residual. Se recomienda un periodo de retención de 12 a 24 horas. El filtro anaerobio puede utilizarse en procesos de recirculación cuando las entradas de cargas orgánicas son considerables, así como las variaciones del pH en el afluente. En el proceso de digestión anaerobia se produce biogás, el cual es altamente volátil, por lo que puede ser usado como fuente de energía. La elevada concentración de microorganismos dentro del reactor permite que puedan alcanzar bajos tiempos de retención hidráulica y altas eficiencias. La actividad óptima se sitúa alrededor de los 35°C. Se puede trabajar a valores de pH entre 6 y 8 sin pérdidas significativas de actividad metanogénica. Se agota la reserva alcalina de bicarbonato, observándose por tanto un aumento en la concentración de CO2 en el gas y una disminución apreciable del pH. Entre las ventajas y desventajas de este tipo de filtros tenemos como ventajas: una elevada capacidad de tratamiento, apto para diferentes aguas residuales, requiere poca superficie y son resistentes a fluctuaciones de carga orgánica aplicada, y como desventajas se tiene: Puesta en marcha muy lenta, riesgo de oclusiones, se limitan a aguas residuales con poco sólidos suspendidos, sensibles a altas concentraciones de calcio y elevado costo del medio filtrante.

- **Biofiltros:** Los biofiltros son muy importantes tanto en el tratamiento de agua, tanto como en la purificación de biogás, estos biofiltros son filtro biológico que utiliza un lecho filtrante de grava o piedra volcánica, sembrado en su superficie con plantas de pantano y atravesado de forma horizontal o vertical con aguas residuales pretratadas. Este ambiente sostenedor y promotor de la vida microbiana se mantiene principalmente gracias a la presencia de dos ciclos naturales mayores: el del agua como fuente de abastecimiento y el del carbono como nutriente. También puede añadirse como indispensables los ciclos del nitrógeno, del fósforo, del azufre y de otros elementos, ya que las fuentes de nutrientes orgánicos y los microorganismos poseen esos elementos en distintas concentraciones. Este tipo de sistema resulta ser efectivo en el tratamiento secundario de aguas residuales, funcionando automáticamente y sin gastos para suministros de energía, aplicación de aditivos químicos o control instrumentado. Su funcionamiento se da debido a las bacterias, responsables para la degradación de la materia orgánica, utilizan la superficie del lecho filtrante para la formación de una película bacteriana y de esta manera existe una población bastante estable que no es arrastrada hacia la salida del sistema. El suministro del oxígeno de la atmósfera al subsuelo en el biofiltro se realiza a través de las raíces de plantas de pantano, formándose alrededor de las raíces una población de bacterias aeróbicas. Las plantas aportan oxígeno atmosférico a la rizósfera a través de las hojas, tallos y rizomas. El agua residual se trata así aeróbicamente por la actividad microbiana en la rizósfera y anaerobiamente en los poros de las piedras del lecho filtrante. Un claro ejemplo es el biofiltro de flujo horizontal (ver Figura 2). Teniendo como características principales :

- La cantidad de oxigeno transportado por medio de las hojas y tallos hacia las raíces de las macrófitas, es un factor limitante para la descomposición aeróbica en la rizósfera, dándose la nitrificación solo a niveles bajos.

- Las raíces de las macrófitas crecen vertical y horizontalmente, abriendo así una vía o ruta hidráulica a través de la cual fluye el agua.
- Los sistemas de este tipo varían dependiendo de las siguientes condiciones: topografía y pendiente del terreno donde se construye la planta de tratamiento, disposición y tipos delos materiales locales de construcción, selección de las obras para la distribución y recolección de las aguas residuales y selección de plantas de pantano a sembrar.
- El tiempo de retención oscila en el rango de 3 a 7 días, en dependencia del grado deseado de remoción de microorganismos patógenos.

Figura 2.- Esquema de un Biofiltro de flujo horizontal (Fuente (Salgado Villalobos, 2005).

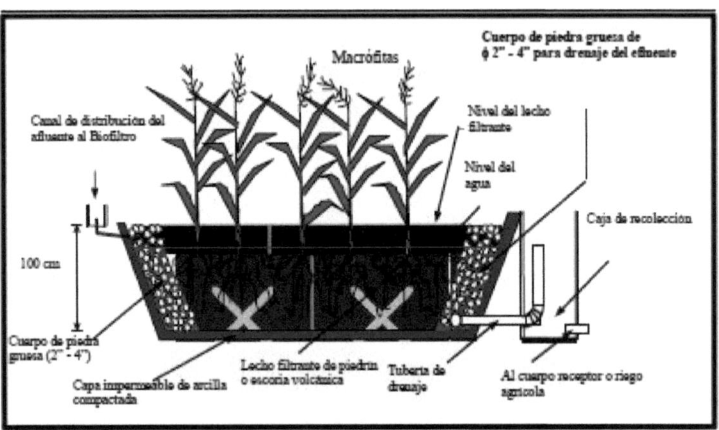

- **Lodos activados:** En el tratamiento biológico de aguas residuales mediante el proceso de fangos activados el residuo orgánico se introduce en un reactor, donde se mantiene un cultivo bacteriano aerobio en suspensión. El contenido del reactor se conoce con el nombre de **licor mezclado**. En el reactor, el cultivo bacteriano lleva a cabo la conversión en concordancia general con la estequiometría de las ecuaciones de "oxidación y síntesis" y "respiración endógena". (En dichas ecuaciones, COHNS representa la materia orgánica del agua residual.). En este proceso las bacterias son los microorganismos más importantes, ya que son los causantes de la descomposición de la materia orgánica del afluente; aunque también intervienen otros microorganismos como los protozoos y rotíferos que ejercen una acción de refino de los efluentes. Las aguas residuales crudas fluyen en el tanque de aireación con su contenido de materia orgánica (DBO_5) como suministro alimenticio. Las bacterias metabolizan los residuos produciendo nuevas bacterias utilizando oxígeno disuelto y liberando dióxido de carbono. Los protozoos consumen bacterias para obtener energía y reproducirse. Una porción del crecimiento bacteriano muere, liberando su contenido celular en la solución para una nueva síntesis en células microbianas. La mezcla líquida, aguas residuales con floc biológico en suspensión, es separada en un sedimentador; se recircula floc sedimentado continuamente al tanque de aireación y se descarga el efluente clarificado. El sistema de lodos activados es un proceso estrictamente aerobio, ya que el floc microbiano se mantiene siempre en suspensión en la mezcla aireada del tanque, en presencia de oxígeno disuelto. La transferencia de oxígeno ocurre en dos etapas, las burbujas de aire se crean, mediante aire comprimido, a través de un difusor o por medio de aireación mecánica, para introducir oxígeno en el líquido mediante mezcla turbulenta.

3.2.4.- TRATAMIENTO TERCIARIO

El tratamiento terciario y/o avanzado del agua residual se emplean cuando los constituyentes del agua residual no pueden ser removidos o reducido por el tratamiento secundario hasta el nivel requerido.

El objetivo principal de los tratamientos terciarios es mejorar la cantidad del efluente a través de tratamientos específicos como son: desnitrificación (remoción de nitratos y nitritos), cloración o radiación ultravioleta (eliminación de patógenos) y precipitación química (remoción de fósforo), en la cual se dan principalmente tres tipos:

- Eliminación biológica de fósforo: este se elimina mediante la incorporación de ortofósfato, polifosfato y fósforo orgánico al tejido celular. El factor crítico en la eliminación biológica del fósforo es la exposición de los organismos a secuencias alternadas de condiciones aeróbicas y anaerobias. El fósforo no solo se emplea para el mantenimiento celular, síntesis y transporte de energía, sino que también se almacena para su uso posterior.
- Eliminación biológica conjunta de nitrógeno y fósforo: mediante nitrificación y Desnitrificación biológica y eliminación de fósforo.
- Eliminación de fósforo por adición de reactivos químicos: la adición de determinado producto químico al agua residual y su combinación con el fosfato existente, da lugar a la formación de sales insolubles o de baja solubilidad. Los principales productos químicos empleados son la alúmina, el aluminato de sodio, el cloruro férrico y la cal.

Los factores que afectan la elección de los productos químicos para la eliminación de fósforo por precipitación son los sólidos suspendidos en las aguas residuales, el nivel del fósforo en el efluente, el costo de los reactivos, la alcalinidad, los métodos de evaluación final y la compatibilidad con otros procesos del tratamiento de la planta.

4.- DISPOSICIÓN DE UNA PLANTA DE TRATAMIENTO DE ARI LÁCTEAS

En las industrias lácteas existen varias alternativas para minimizar los impactos producidos, en las cuales se introducen principalmente métodos de depuración de las aguas residuales, para de esta manera disminuir la carga contaminante de estos efluentes.

Para esto se necesitan el uso de diversos tratamientos ya sean físicos, químicos o biológicos, para lograr una mejor depuración del efluente, todo dependiendo de la carga contaminante.

Por ejemplo en el 2008 estudios realizados afirman la ventaja de usar un sistema de tratamiento anóxico calizo en las aguas lácteas, este tratamiento es capaz de reducir hasta el 8% la carga total de aceites y grasas contenidas en las aguas residuales (Escoto Valerio, 2008). Para este caso, se recomienda construir otro estanque ya que aún queda carga ácida del agua residual. En caso de conseguir mejores valores, no sería necesario construir una pila de evaporación o sedimentación.

Otro caso importante es la utilización de Riles, por ejemplo en chile estos riles se usan para los tratamientos primarios y secundarios. El resultado más importante de este trabajo fue que durante el proceso de degradación de la grasa mezclada con aserrín, se determinó la dinámica de la flora microbiana presente durante el proceso, esto da pie para seleccionar los microorganismos más eficientes y con ellos elaborar inóculos (UACH).

Las mejores mezclas de bacteria y enzimas deben de ser probadas a mayor escala, en lo posible en las mismas plantas lácteas.

De la misma manera mediante diferentes diseños y construcciones de plantas de tratamientos de aguas han mostrado una gran remoción de sustancias contaminantes ya sean estas, aceites, grasas, sólidos, entre otros; con procesos como los cribados, sedimentadores, floculadores, filtros anaerobios, demostrando así una disminución del 65% al 80% de los parámetros antes mencionados, siendo estos procesos más usados para el dimensionamiento de una planta de tratamiento (Llanos Campaña, 2013). Incluyendo en este proceso una nueva alternativa para la desinfección del agua mediante el empleo de rayos UV o la cloración, disminuyendo considerablemente la carga contaminante al lecho final, removiendo un 85% al 93% de la contaminación.

Algunas plantas de tratamientos del sector lácteo, pueden constar de las siguientes etapas.

Siempre se recomienda iniciar con una rejilla para que los sólidos, arenillas, entre otros se eliminen, pueden ser manuales o mecánicos, todo depende del flujo que existen en la producción.

Luego tenemos a los a las operaciones de separación de grasas donde las más usadas son las operaciones de Flotación y la Ultrafiltración.

Ahora pasamos a la eliminación de sólidos en suspensión donde para lo cual se usan mayormente operaciones de Decantación y Flotación.

Posteriormente se da la eliminación de materia orgánica, donde las operaciones más utilizados son los Tratamientos biológicos que incluya nitrificación – desnitrificación y Tratamientos biológicos con eliminación de nutrientes.

Tal y como se indicó anteriormente, resulta especialmente adecuado el completar, o mejor dicho iniciar estos tratamientos, mediante la inclusión de un sistema de ajuste de pH y homogeneización del efluente a depurar. La gestión de fangos generados en el tratamiento de las aguas residuales se puede efectuar mediante la aplicación de las técnicas de Estabilización y Deshidratación y su posterior aplicación del efluente en agricultura o Producción de compost.

Entonces se recomienda el manejo de sistemas EDAR, como por ejemplo si tuviéramos un EDAR para una instalación que procesa un promedio de 300000 l/d de leche para producir leche en polvo, mantequilla y leche pasteurizada. En las operaciones de lavado se generan en promedio 170 m^3/día de efluentes, con una temperatura que oscila entre 30 y 60°C y un pH que varía entre 2 y 12 unidades de pH. Las concentraciones promedio de las características fisicoquímicas son las siguientes: DQO = 7000 mg/l, DBO_5 = 4000 mg/l, Sólidos suspendidos = 1300 mg/l y grasas y aceites = 950 mg/l.

Con estos datos se determinó que la planta debería de tener un pozo de bombeo, un desarenador, un tanque de homogeneización, tanque de flotación, reactores UASB, filtro percolador y decantador secundario. El sistema de tratamiento fisicoquímico garantiza una calidad apropiada del agua antes de ingresar a los reactores UASB (Ver Figura 3). El área ocupada por la planta, incluyendo zonas verdes y caminos es de aproximadamente de unos 200 m^2.

El lodo primario generado en el tanque de flotación se estabiliza con cal, se deshidrata mediante un filtro prensa y se utiliza como acondicionador de suelos en fincas. Para la deshidratación de los lodos biológicos de exceso de los reactores UASB se dispone de lechos de secado.

Luego de todo el tratamiento de las ARI lácteas, se tienen las siguientes características del efluente final de la planta de tratamiento: DQO = <150 mg/l, DBO_5 = < 80 mg/l, Solidos suspendidos = < 100 mg/l, grasas y aceites = < 50 mg/l.

Figura 3: Diagrama de flujo del caso presentado para tratamiento de ARI láctea. (Fuente: Contaminación de las aguas. Sector Lácteo, (Vickesh, 2008))

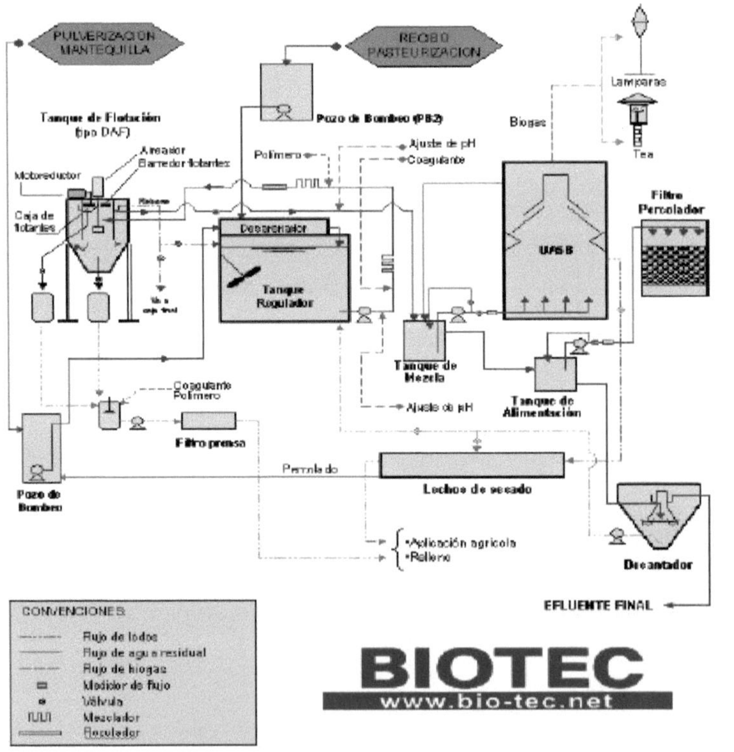

Otro sistema aplicable para el tratamiento de aguas residuales industriales lácteas será descrito a continuación por partes operativas:

4.1.- REJILLAS

El sistema de rejillas es imprescindible dentro de las plantas de tratamiento de aguas residuales industriales, puesto que impiden el paso de sólidos flotantes al sistema de tratamiento, removiendo gran parte de estos, garantizando que los sistemas de tuberías y bombas no sufran daños.

La separación entre cada una de las rejillas varía, dependiendo si la barra a emplear es fina, mediana o gruesa como se muestra a continuación:

- **Finas:** < 1.5 cm.
- **Medianas:** 1.5 a 5.0 cm.
- **Gruesa:** > 5.0 cm.

De la misma manera las rejillas pueden ser clasificadas en función de la forma en que se retiran los sólidos retenidos, siendo estas de tipo manual, las cuales son empleadas en plantas pequeñas, mientras que las mecánicas o automatizadas suelen usar cadenas o movimientos oscilatorios para remover los escombros, si se desean retener partículas más finas se usan mallas hechas de alambre.

4.2.- COAGULACIÓN – FLOCULACIÓN

Este tipo de tratamiento químico consiste en agregar ciertas sustancias químicas como pueden ser el Sulfato de Aluminio (Alumbre), el Sulfato Ferroso con cal, el Sulfato Férrico y el Cloruro Férrico con o sin cal, haciendo que las partículas encontradas en las aguas residuales se aglomeren y formen grumos fácilmente sedimentables, la eficiencia de remoción está entre el 80 y 90% en cuanto a los sólidos suspendidos, eliminación total de fósforo, 80 y 90 % de bacterias y 70% en DBO_5. Este proceso es aplicable a aguas residuales con altas concentraciones de contaminantes que podrían inhibir la actividad biológica e interferir con los otros procesos del tratamiento.

En el presente trabajo proponen el floculador mecánico, este requiere de una fuerza externa para ejercer movimiento a un agitador en el tanque, donde el agua permanecerá cierto tiempo y la velocidad de agitación es variable.

4.3.- SEDIMENTADOR PRIMARIO

La mayoría de las sustancias en suspensión en las aguas residuales no pueden retenerse, debido a su tamaño o densidad, en las rejillas. Por lo cual se emplean sedimentadores primarios que reciben las aguas provenientes de este sistema u otros procesos de pretratamiento, y su función primordial es la separación de los sólidos sedimentables y flotantes como también aceites y grasas, de manera que los sólidos de peso específico menos al del líquido tienden a depositarse. Entre las partículas que en su mayoría son eliminadas en este proceso son la grava, arena, flóculos usados en procesos de floculación química entre otros.

Existen varios tipos de sedimentadores, ya sea de forma circular, rectangular o cuadrada, así como pueden estar equipados por dispositivos mecánicos y con inclinaciones variadas, ejemplo los filtros percoladores.

4.4.- LODOS ACTIVADOS

Este proceso es usado después de la sedimentación primaria, consiste en la retención del agua durante cierto tiempo, en el cual se hace pasar aire a través del líquido, ya que las aguas residuales contienen algo de sólidos en suspensión y coloidales, de manera que cuando se agitan mediante aireación, estos sólidos forman núcleos sobre los cuales se desarrolla vida biológica pasando gradualmente a formar partículas más grandes de sólidos que se conocen como lados activados, mediante este proceso se garantiza el desarrollo de una suspensión bacteriana que da origen a la descomposición aeróbica. El aire suministrado en el tanque se les puede realizar a través de compresores rotatorios o ventiladores centrífugos.

Los tipos de reactores más usados en el proceso de lodos activados son el reactor de mezcla completa y el reactor tipo flujo pistón, en los cuales el tiempo de retención son similares, la elección si uno de estos reactores radica en la naturaleza del agua a tratar, el tipo de aireación suministrada, las condiciones locales y costos tanto en mantenimiento como de instalación, siendo el más seleccionado el reactor de mezcla completa, por suministrar una adecuada cantidad de oxígeno, además puede soportar las cargas de choque producidas por vertidos puntuales con elevado contenido de materia orgánica.

4.5.- SEDIMENTADOR SECUNDARIO

Este componente es colocado después del tanque de aireación y tiene como función separar el licor mezclado del lodo activado, mediante la acción de la gravedad, devolviendo este lodo al proceso anterior a fin de mantener una concentración elevado de microorganismos, de la misma manera si existe una concentración elevada de lodos estos son drenados o purgados, para su posterior secado y disposición final.

Igual que los sedimentadores primarios existen varios tipos de sedimentadores o decantadores secundarios, los tipos de tanques circulares y rectangulares. También existen tanques cuadrados, pero no son tan eficaces en la retención de sólidos, y por esta razón no son tan comunes.

CAPÍTULO V

CONCLUSIONES

1. Hemos descrito las partes de las que consta un sistema de aguas residuales industriales lácteas, donde se vio que la mejor opción es el uso del pretratamiento, los tratamientos primarios, secundarios, son necesarios para la eliminación de grasas y solidos disueltos y para la disminución de DBO_5.
2. Se determinó que una planta adecuada para el tratamiento de aguas residuales lácteas debe de tener un sistema de rejillas al inicio, un pozo de bombeo, un desarenador, un tanque de homogeneización, tanque de flotación, reactores UASB, filtro percolador y decantador secundario.
3. Se describió las características de las aguas residuales industriales lácteas y se determinó que para un buen funcionamiento de una planta de tratamiento de este sector depende del flujo producido en un día, para determinar el diseño y los componentes u operaciones unitarias a utilizar.
4. Generalmente se usa tecnología de lodos activados.

CAPÍTULO VI

BIBLIOGRAFÍA

1.- Arellano Diaz, J. (2002). ***INTRODUCCIÓN A LA INGENIERÍA AMBIENTAL.*** MEXICO: ALFAOMEGA.

2.- Escoto Valerio, M. (2008). ***VALIDACIÓN DEL SISTEMA DE TRATAMIENTO ANÓXICO CALIZO DE AGUAS RESIDUALES DE UNA PLANTA LÁCTEA EN OLANCHO.*** HONDURAS: FORCUENCAS.

3.- Glynn Henry, J., & Henike, G. (1999). ***INGENIERÍA AMBIENTAL 2da. Edición.*** MEXICO: PEARSON PRENTICE HALL.

4.- Llanos Campaña, D. (2013). ***DISEÑO DE LA PLANTA DE TRATAMIENTO DE AGUAS RESIDUALES DE LA INDUSTRIA DE PRODUCTOS LÁCTEOS "PILLARO" UBICADA EN EL CANTÓN PILLARO-TUNGURAHUA.*** RIOBAMBA - ECUADOR: ESCUELA SUPERIOR POLITECNICA DE CHIMBORAZO, FACULTAD DE CIENCIAS, ESCUELA DE CIENCIAS QUIMICAS.

5.- Masters, G., & Ela, W. (2008). ***INTRODUCCIÓN A LA INGENIERÍA MEDIOAMBIENTAL 3ra. Edición.*** MADRID: PEARSON PRENTICE HALL.

6.- Menendez Gutierrez, C., & Perez Olmo, J. (2007). ***PROCESOS PARA EL TRATAMIENTO BIOLÓGICO DE AGUAS RESIDUALES INDUSTRIALES.*** Ciudad de La Habana: Editorial Universitaria.

7.- Mihelcic, J., & Zimmerman, J. B. (2011). ***INGENIERIA AMBIENTAL: FUNDAMENTOS, SUSTENTABILIDAD, DISEÑO 1ra Edición.*** MEXICO: ALFAOMEGA.

8.- Nodal Becerra, E. (2001). **PROCESOS BIOLÓGICOS APLICADOS AL TRATAMIENTO DE AGUA RESIDUAL.** *Ingeniería Hidraúlica y Ambiental vol. 22, N° 4*, 52 - 56.

9.- Pascual, A. (2009). ***GESTIÓN Y MANTENIMIENTO DE DEPURADORAS EN INDUSTRIAS AGROALIMENTARIAS.*** ESPAÑA: AINIA.

10.- Peñuela, G., & Morató, J. (2006). ***MANUAL DE TECNOLOGÍAS SOSTENIBLES EN TRATAMIENTO DE AGUAS.*** Cooperacion Unión Europea y America Latina: RED ALFA TECSPAR.

11.- Rodriguez Fernandez-Alba, A. y. (2006). ***TRATAMIENTOS AVANZADOS DE AGUAS RESIDUALES INDUSTRIALES.*** MADRID: ELECE INDUSTRIA GRAFICA.

12.- Salgado Villalobos, A. R. (2005). ***COMPARACIÓN TÉCNICA-ECONOMICA DE SISTEMAS DE TRATAMIENTO DE AGUAS RESIDUALES GENERADAS POR PLANTAS DE ALIMENTOS.*** MANAGUA - NICARAQGUA: UNI SIMON BOLIVAR - FACULTAD DE INGENIERIA QUIMICA.

13.- UACH. (s.f.). ***MANEJO EFICIENTE DE RILES EN LA INDUSTRIA LÁCTEA.*** CHILE: PLATAFORMA DE GESTIÓN AMBIENTAL Y COMUNIDAD.

14.- Velez Pereyra, A. y. (2011). ***BIOFILTRACIÓN: TECNOLOGÍAS APLICADA A CONTAMINANTES LÍQUIDOS Y GASEOSOS.*** COLOMBIA: GIMSA.

15.- Vickesh, C. (2008). ***CONTAMINACIÓN DE LAS AGUAS: SECTOR LACTEO.*** SEVILLA: ESCUELA ORGANIZACION INDUSTRIAL.

ANEXO I

ESTÁNDARES NACIONALES DE CALIDAD AMBIENTAL PARA AGUA

CATEGORÍA 1: POBLACIONAL Y RECREACIONAL

PARÁMETRO	UNIDAD	Aguas superficiales destinadas a la producción de agua potable			Aguas superficiales destinadas para recreación	
		A1	A2	A3	B1	B2
		Aguas que pueden ser potabilizadas con desinfección	Aguas que pueden ser potabilizadas con tratamiento convencional	Aguas que pueden ser potabilizadas con tratamiento avanzado	Contacto Primario	Contacto Secundario
		VALOR	VALOR	VALOR	VALOR	VALOR
FÍSICOS Y QUÍMICOS						
Aceites y grasas (MEH)	mg/L	1	1,00	1,00	Ausencia de película visible	**
Cianuro Libre	mg/L	0,005	0,022	0,022	0,022	0,022
Cianuro Wad	mg/L	0,08	0,08	0,08	0,08	**
Cloruros	mg/L	250	250	250	**	**
Color	Color verdadero escala Pt/Co	15	100	200	sin cambio normal	sin cambio normal
Conductividad	uS/cm (a)	1 500	1 600	**	**	**
D.B.O.5	mg/L	3	5	10	5	10
D.Q.O.	mg/L	10	20	30	30	50
Dureza	mg/L	500	**	**	**	**
Detergentes (SAAM)	mg/L	0,5	0,5	na	0,5	Ausencia de espuma persistente
Fenoles	mg/L	0,003	0,01	0,1	**	**
Fluoruros	mg/L	1	**	**	**	**
Fósforo Total	mg/L P	0,1	0,15	0,15	**	**
Materiales Flotantes		Ausencia de material flotante	**	**	Ausencia de material flotante	Ausencia de material flotante
Nitratos	mg/L N	10	10	10	10	**
Nitritos	mg/L N	1	1	1	1(5)	**
Nitrógeno amoniacal	mg/L N	1,5	2	3,7	**	**
Olor		Aceptable	**	**	Aceptable	**
Oxígeno Disuelto	mg/L	>= 6	>= 5	>= 4	>= 5	>= 4
pH	Unidad de pH	6,5 – 8,5	5,5 – 9,0	5,5 – 9,0	6-9 (2,5)	**
Sólidos Disueltos Totales	mg/L	1 000	1 000	1 500	**	**
Sulfatos	mg/L	250	**	**	**	**
Sulfuros	mg/L	0,05	**	**	0,05	**
Turbiedad	UNT (b)	5	100	**	100	**
INORGÁNICOS						
Aluminio	mg/L	0,2	0,2	0,2	0,2	**
Antimonio	mg/L	0,006	0,006	0,006	0,006	**
Arsénico	mg/L	0,01	0,01	0,05	0,01	**
Bario	mg/L	0,7	0,7	1	0,7	**
Berilio	mg/L	0,004	0,04	0,04	0,04	**
Boro	mg/L	0,5	0,5	0,75	0,5	**
Cadmio	mg/L	0,003	0,003	0,01	0,01	**
Cobre	mg/L	2	2	2	2	**
Cromo Total	mg/L	0,05	0,05	0,05	0,05	**
Cromo VI	mg/L	0,05	0,05	0,05	0,05	**
Hierro	mg/L	0,3	1	1	0,3	**
Manganeso	mg/L	0,1	0,4	0,5	0,1	**
Mercurio	mg/L	0,001	0,002	0,002	0,001	**
Níquel	mg/L	0,02	0,025	0,025	0,02	**
Plata	mg/L	0,01	0,05	0,05	0,01	0,05
Plomo	mg/L	0,01	0,05	0,05	0,01	**
Selenio	mg/L	0,01	0,05	0,05	0,01	**
Uranio	mg/L	0,02	0,02	0,02	0,02	0,02
Vanadio	mg/L	0,1	0,1	0,1	0,1	0,1
Zinc	mg/L	3	5	5	3	**
ORGÁNICOS						
I. COMPUESTOS ORGÁNICOS VOLÁTILES						
Hidrocarburos totales de petróleo, HTTP	mg/L	0,05	0,2	0,2		
Trihalometanos	mg/L	0,1	0,1	0,1	**	**
Compuestos Orgánicos Volátiles, COVs						
1,1,1-Tricloroetano – 71-55-6	mg/L	2	2	**	**	**
1,1-Dicloroeteno – 75-35-4	mg/L	0,03	0,03	**	**	**
1,2 Dicloroetano – 107-06-2	mg/L	0,03	0,03	**	**	**
1,2-Diclorobenceno – 95-50-1	mg/L	1	1	**	**	**
Hexaclorobutadieno – 87-68-3	mg/L	0,0006	0,0006	**	**	**
Tetracloroeteno – 127-18-4	mg/L	0,04	0,04	**	**	**
Tetracloruro de Carbono – 56-23-5	mg/L	0,002	0,002	**	**	**
Tricloroeteno – 79-01-6	mg/L	0,07	0,07	**	**	**
BTEX						

PARÁMETRO	UNIDAD	Aguas superficiales destinadas a la producción de agua potable			Aguas superficiales destinadas para recreación	
		A1	A2	A3	B1	B2
		Aguas que pueden ser potabilizadas con desinfección	Aguas que pueden ser potabilizadas con tratamiento convencional	Aguas que pueden ser potabilizadas con tratamiento avanzado	Contacto Primario	Contacto Secundario
		VALOR	VALOR	VALOR	VALOR	VALOR
Benceno – 71-43-2	mg/L	0,01	0,01	**	**	**
Etilbenceno – 100-41-4	mg/L	0,3	0,3	**	**	**
Tolueno – 108-88-3	mg/L	0,7	0,7	**	**	**
Xilenos – 1330-20-7	mg/L	0,5	0,5	**	**	**
Hidrocarburos Aromáticos						
Benzo(a)pireno – 50-32-8	mg/L	0,0007	0,0007	**	**	**
Pentaclorofenol (PCP)	mg/L	0,009	0,009	**	**	**
Triclorobencenos (Totales)	mg/L	0,02	0,02	**	**	**
Plaguicidas						
Organofosforados:						
Malatión	mg/L	0,0001	0,0001	**	**	**
Metamidofós (restringido)	mg/L	Ausencia	Ausencia	Ausencia	**	**
Paraquat (restringido)	mg/L	Ausencia	Ausencia	Ausencia	**	**
Paratión	mg/L	Ausencia	Ausencia	Ausencia	**	**
Organoclorados (COP)*						
Aldrín – 309-00-2	mg/L	Ausencia	Ausencia	Ausencia	**	**
Clordano	mg/L	Ausencia	Ausencia	Ausencia	**	**
DDT	mg/L	Ausencia	Ausencia	Ausencia	**	**
Dieldrín – 60-57-1	mg/L	Ausencia	Ausencia	Ausencia	**	**
Endosulfán	mg/L	0,000056	0,000056	*	**	**
Endrín – 72-20-8	mg/L	Ausencia	Ausencia	Ausencia	**	**
Heptacloro – 76-44-8	mg/L	Ausencia	Ausencia	Ausencia	**	**
Heptacloro epóxido 1024-57-3	mg/L	0,00003	0,00003	*	**	**
Lindano	mg/L	Ausencia	Ausencia	Ausencia	**	**
Carbamatos						
Aldicarb (restringido)	mg/L	Ausencia	Ausencia	Ausencia	**	**
Policloruros Bifenilos Totales						
(PCBs)	mg/L	0,000001	0,000001	**	**	**
Otros						
Asbesto	Millones de fibras/L	7	**	**	**	**
MICROBIOLÓGICO						
Coliformes Termotolerantes (44,5 °C)	NMP/100 mL	0	2 000	20 000	200	1 000
Coliformes Totales (35 - 37 °C)	NMP/100 mL	50	3 000	50 000	1 000	4 000
Enterococos fecales	NMP/100 mL	0	0		200	**
Escherichia coli	NMP/100 mL	0	0		Ausencia	Ausencia
Formas parasitarias	Organismo/Litro	0	0		0	
Giardia duodenalis	Organismo/Litro	Ausencia	Ausencia	Ausencia	Ausencia	Ausencia
Salmonella	Presencia/100 mL	Ausencia	Ausencia	Ausencia	0	0
Vibrio Cholerae	Presencia/100 mL	Ausencia	Ausencia	Ausencia	Ausencia	Ausencia

UNT Unidad Nefelométrica Turbiedad
NMP/ 100 mL Número más probable en 100 mL
* Contaminantes Orgánicos Persistentes (COP)
** Se entenderá que para esta subcategoría, el parámetro no es relevante, salvo casos específicos que la Autoridad competente determine

CATEGORÍA 2: ACTIVIDADES MARINO COSTERAS

PARÁMETRO	UNIDADES	AGUA DE MAR		
		Sub Categoría 1	Sub Categoría 2	Sub Categoría 3
		Extracción y Cultivo de Moluscos Bivalvos (C1)	Extracción y cultivo de otras especies hidrobiológicas (C2)	Otras Actividades (C3)
ORGANOLÉPTICOS				
Hidrocarburos de Petróleo		No Visible	No Visible	No Visible
FISICOQUÍMICOS				
Aceites y grasas	mg/L	1,0	1,0	2,0
DBO_5	mg/L	**	10,0	10,0
Oxígeno Disuelto	mg/L	>=4	>=3	>=2,5
pH	unidades de pH	7 - 8,5	6,8 - 8,5	6,8 - 8,5
Sólidos Suspendidos Totales	mg/L	**	50,0	70,0
Sulfuro de Hidrógeno	mg/L	**	0,06	0,08
Temperatura	celsius	***delta 3 °C	***delta 3 °C	***delta 3 °C
INORGÁNICOS				
Amoníaco	mg/L	**	0,08	0,21
Arsénico total	mg/L	0,05	0,05	0,05
Cadmio total	mg/L	0,0093	0,0093	0,0093
Cobre total	mg/L	0,0031	0,05	0,05
Cromo VI	mg/L	0,05	0,05	0,05
Fosfatos (P-PO4)	mg/L	**	0,03 - 0,09	0,1

PARÁMETRO	UNIDADES	AGUA DE MAR		
		Sub Categoría 1	Sub Categoría 2	Sub Categoría 3
		Extracción y Cultivo de Moluscos Bivalvos (C1)	Extracción y cultivo de otras especies hidrobiológicas (C2)	Otras Actividades (C3)
Mercurio total	mg/L	0,00094	0,0001	0,0001
Níquel total	mg/L	0,0082	0,1	0,1
Nitratos (N-NO3)	mg/L	**	0,07 - 0,28	0,3
Plomo total	mg/L	0,0081	0,0081	0,0081
Silicatos (Si-Si O3)	mg/L	**	0,14 - 0,70	**
Zinc total	mg/L	0,081	0,081	0,081
ORGÁNICOS				
Hidrocarburos de petróleo totales (fracción aromática)	mg/L	0,007	0,007	0,01
MICROBIOLÓGICOS				
Coliformes Termotolerantes	NMP/100mL	* ≤14 (área aprobada)	≤30	1000
Coliformes Termotolerantes	NMP/100mL	* ≤88 (área restringida)		

NMP/100 mL: Número más probable en 100 mL.

* Área Aprobada: Áreas de donde se extraen o cultivan moluscos bivalvos seguros para el comercio directo y consumo, libres de contaminación fecal humana o animal, de organismos patógenos o cualquier sustancia deletérea o venenosa y potencialmente peligrosa.

* Área Restringida: Áreas acuáticas impactadas por un grado de contaminación donde se extraen moluscos bivalvos seguros para consumo humano luego de ser depurados.

** Se entenderá que para este uso, el parámetro no es relevante, salvo casos específicos que la Autoridad competente lo determine.

*** La temperatura corresponde al promedio mensual multianual del área evaluada.

CATEGORÍA 3: RIEGO DE VEGETALES Y BEBIDAS DE ANIMALES

PARÁMETROS PARA RIEGO DE VEGETALES DE TALLO BAJO Y TALLO ALTO		
PARÁMETROS	UNIDAD	VALOR
Fisicoquímicos		
Bicarbonatos	mg/L	370
Calcio	mg/L	200
Carbonatos	mg/L	5
Cloruros	mg/L	100-700
Conductividad	(uS/cm)	<2 000
Demanda Bioquímica de Oxígeno	mg/L	15
Demanda Química de Oxígeno	mg/L	40
Fluoruros	mg/L	1
Fosfatos - P	mg/L	1
Nitratos (NO3-N)	mg/L	10
Nitritos (NO2-N)	mg/L	0,06
Oxígeno Disuelto	mg/L	>=4
pH	Unidad de pH	6,5 – 8,5
Sodio	mg/L	200
Sulfatos	mg/L	300
Sulfuros	mg/L	0,05
Inorgánicos		
Aluminio	mg/L	5
Arsénico	mg/L	0,05
Bario total	mg/L	0,7
Boro	mg/L	0,5-6
Cadmio	mg/L	0,005
Cianuro Wad	mg/L	0,1
Cobalto	mg/L	0,05
Cobre	mg/L	0,2
Cromo (6+)	mg/L	0,1
Hierro	mg/L	1
Litio	mg/L	2,5
Magnesio	mg/L	150
Manganeso	mg/L	0,2
Mercurio	mg/L	0,001
Níquel	mg/L	0,2
Plata	mg/L	0,05
Plomo	mg/L	0,05
Selenio	mg/L	0,05
Zinc	mg/L	2
Orgánicos		
Aceites y Grasas	mg/L	1
Fenoles	mg/L	0,001
S.A.A.M. (detergentes)	mg/L	1
Plaguicidas		
Aldicarb	ug/L	1
Aldrín (CAS 309-00-2)	ug/L	0,004
Clordano (CAS 57-74-9)	ug/L	0,3
DDT	ug/L	0,001
Dieldrín (N° CAS 72-20-8)	ug/L	0,7
Endrín	ug/L	0,004

CATEGORÍA 4: CONSERVACIÓN DEL AMBIENTE ACUÁTICO

PARÁMETROS	UNIDADES	LAGUNAS Y LAGOS	RÍOS		ECOSISTEMAS MARINO COSTEROS	
			COSTA Y SIERRA	SELVA	ESTUARIOS	MARINOS
FÍSICOS Y QUÍMICOS						
Aceites y grasas	mg/L	Ausencia de película visible	Ausencia de película visible	Ausencia de película visible	1	1
Demanda Bioquímica de Oxígeno (DBO5)	mg/L	<5	<10	<10	15	10
Nitrógeno Amoniacal	mg/L	<0,02	0,02	0,05	0,05	0,08
Temperatura	Celsius					delta 3 °C
Oxígeno Disuelto	mg/L	≥5	≥5	≥5	≥4	≥4
pH	unidad	6,5-8,5	6,5-8,5		6,8-8,5	6,8 - 8,5
Sólidos Disueltos Totales	mg/L	500	500	500	500	
Sólidos Suspendidos Totales	mg/L	≤25	≤25 - 100	≤25 - 400	≤25-100	30,00
INORGÁNICOS						
Arsénico	mg/L	0,01	0,05	0,05	0,05	0,05
Bario	mg/L	0,7	0,7	1	1	—
Cadmio	mg/L	0,004	0,004	0,004	0,005	0,005
Cianuro Libre	mg/L	0,022	0,022	0,022	0,022	—
Clorofila A	mg/L	10	—	—	—	—
Cobre	mg/L	0,02	0,02	0,02	0,05	0,05
Cromo VI	mg/L	0,05	0,05	0,05	0,05	0,05
Fenoles	mg/L	0,001	0,001	0,001	0,001	
Fosfatos Total	mg/L	0,4	0,5	0,5	0,5	0,031 - 0,093
Hidrocarburos de Petróleo Aromáticos Totales	Ausente				Ausente	Ausente
Mercurio	mg/L	0,0001	0,0001	0,0001	0,001	0,0001
Nitratos (N-NO3)	mg/L	5	10	10	10	0,07 - 0,28
INORGÁNICOS						
Nitrógeno Total	mg/L	1,6	1,6		—	—
Níquel	mg/L	0,025	0,025	0,025	0,002	0,0082
Plomo	mg/L	0,001	0,001	0,001	0,0081	0,0081
Silicatos	mg/L	—	—	—	—	0,14-0,7
Sulfuro de Hidrógeno (H2S indisociable)	mg/L	0,002	0,002	0,002	0,002	0,06
Zinc	mg/L	0,03	0,03	0,3	0,03	0,081
MICROBIOLÓGICOS						
Coliformes Termotolerantes	(NMP/100mL)	1 000	2 000		1 000	≤30
Coliformes Totales	(NMP/100mL)	2 000	3 000		2 000	

NOTA: Aquellos parámetros que no tienen valor asignado se debe reportar cuando se disponga de análisis

Dureza: Medir "dureza" del agua muestreada para contribuir en la interpretación de los datos (método/técnica recomendada: APHA-AWWA-WPCF 2340C)

Nitrógeno total: Equivalente a la suma del nitrógeno Kjeldahl total (Nitrógeno orgánico y amoniacal), nitrógeno en forma de nitrato y nitrógeno en forma de nitrito (NO)

Amonio: Como NH3 no ionizado

NMP/100 mL: Número más probable de 100 mL

Ausente: No deben estar presentes a concentraciones que sean detectables por olor, que afecten a los organismos acuáticos comestibles, que puedan formar depósitos de sedimentos en las orillas o en el fondo, que puedan ser detectados como películas visibles en la superficie o que sean nocivos a los organismos acuáticos presentes.

Printed by Books on Demand GmbH, Norderstedt / Germany